해마다 어김없이 찾아오는 봄, 여름, 가을, 겨울.
맑았다, 흐렸다, 비가 왔다, 눈까지 뿌리는 하늘.
계절은 약속을 잘 지키는데, 날씨는 왜 그리도 변덕스러울까요?
지금부터 그 이유를 알아봅시다.

나의 첫 과학책 12

하늘은 변덕쟁이야
계절과 날씨

박병철 글 | 조에스더 그림

휴먼
어린이

텔레비전 뉴스를 보면 별별 소식이 다 나옵니다. 누가 나쁜 짓을 했다느니, 어디서 사고가 났다느니 등등 내용은 참 다양한데 별로 재미는 없지요.
하지만 하루도 빠지지 않고 매일 똑같이 나오는 뉴스가 있습니다.
바로 날씨에 관한 이야기지요.
"내일은 경기도와 강원도에 비가 오고 바람도 세게 불겠습니다."
멋지게 차려입은 아나운서가 내일의 날씨를 알려 줍니다.
대체 날씨가 뭐길래, 매일 뉴스에 나오는 걸까요?

여러분이 매일 아침 입고 나가는 옷은
부모님이 일기 예보를 보고 날씨에 알맞게 고른 것입니다.
더운 날에는 얇고 가벼운 옷을 입고
추운 날에는 두꺼운 털옷에 장갑까지 단단히 챙깁니다.
그런데 날씨는 왜 자꾸 달라지는 걸까요? 여름은 왜 덥고 겨울은 왜 추울까요?
바람은 왜 불고, 눈과 비는 왜 오는 것일까요?
자, 지금부터 변덕스러운 날씨의 세계로 들어가 봅시다.

우리나라에는 **봄, 여름, 가을, 겨울**이라는 네 개의 계절이 있습니다.
봄은 따뜻하고, 여름은 덥고, 가을은 선선하고, 겨울은 춥지요.
1년 동안 네 개의 계절이 다 지나가면 우리는 한 살을 먹고,
또다시 봄, 여름, 가을, 겨울이 반복됩니다.

1년 내내 계절이 변하지 않고 맑고 선선한 날만 있다면 좋을 텐데,
무더운 여름과 추운 겨울은 매년 어김없이 찾아옵니다.
왜 그럴까요? 우주로 나가서 지구를 내려다보면
그 이유를 쉽게 알 수 있습니다.

지구는 팽이처럼 돌고 있습니다. 이것을 **자전**이라고 하지요.
얼마나 빠르게 도냐고요? 그건 여러분도 이미 알고 있답니다.
지구가 한 바퀴 자전하는 데 걸리는 시간을 **하루**로 정했거든요.
하루는 24시간이니까, 지구는 24시간에 한 바퀴씩 돌고 있습니다.

또 지구는 놀이공원의 회전목마처럼 커다란 원을 그리면서 태양 주변을 빙빙 돌고 있습니다. 이것을 **공전**이라고 하지요. 얼마나 빠르게 도냐고요? 여러분은 이것도 이미 알고 있습니다. 지구가 한 바퀴 공전하는 데 걸리는 시간을 **1년**으로 정했거든요.

한 번 자전하는 데 걸리는 시간은 하루.
한 번 공전하는 데 걸리는 시간은 1년.
그런데 1년은 365일이니까, 지구는 태양 주위를 한 바퀴 도는 동안
팽이처럼 365번 빙글빙글 돌고 있는 셈입니다.
두 가지 일을 한꺼번에 하고 있으니, 정신없이 바쁠 것 같네요.

그런데 지구는 똑바로 서 있지 않고 살짝 기울어진 자세로 돌고 있습니다.

기울어진 게 뭐 그리 대단한 일이냐고요? 대단하고말고요.

바로 이것 때문에 봄, 여름, 가을, 겨울이 번갈아 돌아오고 있으니까요.

만일 지구가 기울어지지 않고
'똑바로 서서' 공전하고 있다면
낮과 밤의 길이는 지구 어디서나
12시간으로 똑같고,
머리 위로 쏟아지는 햇빛의 양도
항상 똑같을 겁니다.

그러면 1년 내내 계절이
변하지 않겠지요.
홍수나 눈사태가 날 염려가 없으니
좋을 것 같긴 한데
왠지 좀 지루하고 심심할 것 같네요.

그 이유는 아무도 모른답니다. 지구만 아는 비밀이지요.
아무튼 기울어진 상태로 태양 주변을 돌기 때문에
지구가 어디에 있는지에 따라 우리가 받을 수 있는 햇빛의 양이 달라집니다.
태양이 비스듬하게 떴을 때보다 머리 꼭대기에 떴을 때 더 뜨겁기 때문이지요.
또 위치에 따라서 낮과 밤의 길이도 달라진답니다.

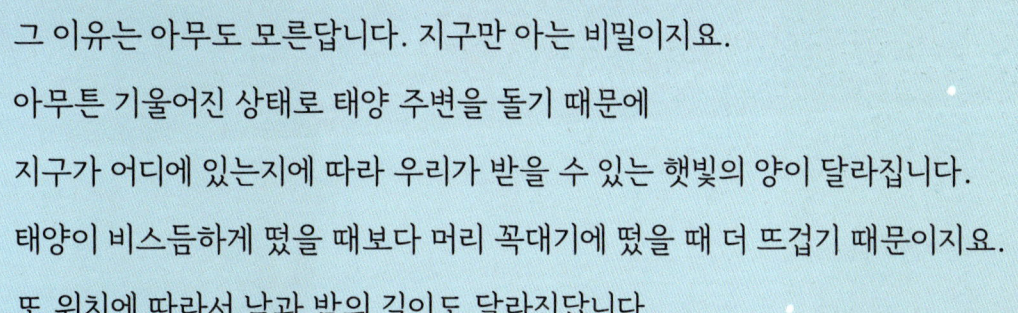

이제 곧 기다리고 기다리던 크리스마스!

다들 알다시피 지구는 사각형이나 원통 모양이 아니라
동그란 공처럼 생겼습니다.
그래서 지구의 가운데 허리인 적도 근처에 있는 나라들은
1년 내내 태양이 머리 꼭대기를 지나가기 때문에 아주 덥고,
지구의 북쪽 끝과 남쪽 끝에 있는 나라들은
태양이 항상 낮게 뜨고 지기 때문에 엄청나게 춥습니다.

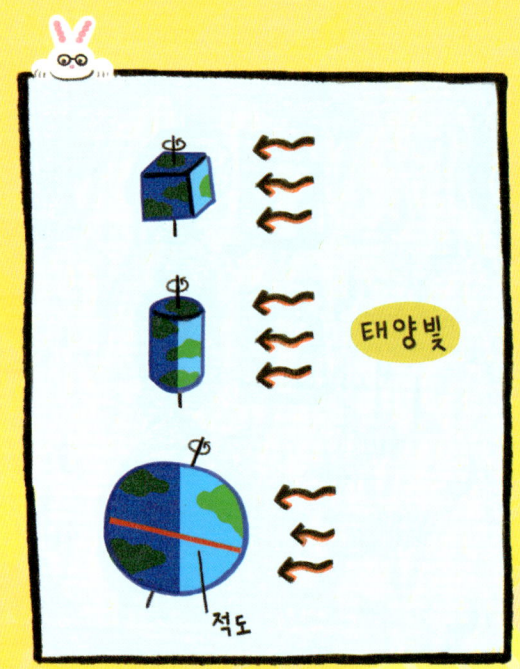

예를 들어 아프리카의 '수단'이라는 나라는 여름 기온이 50도나 되고
겨울에도 20도가 넘습니다. 거의 1년 내내 찜통이지요.
이와 반대로 러시아의 북쪽 지방은 여름에도 기온이 영하 3도이고
겨울이 되면 영하 40도까지 떨어집니다.
또 호주라는 나라는 12월 25일이 한여름이랍니다.
이곳에서는 산타클로스 할아버지가 수상 스키를 타고 올 것 같네요.

차갑거나 뜨거운 정도를
숫자로 나타낸 것을 **온도**라고 합니다.
몸의 온도는 체온, 물의 온도는 수온,
공기의 온도는 기온이라고 하지요.

온도가 내려가면 물이 얼어서 얼음이 되는데,
이때의 온도가 바로 섭씨 0도(0℃)입니다.
이 값을 기준으로 온도가 0도보다 높으면 '영상'
0도보다 낮으면 숫자 앞에 '영하'를 붙여서 사용하지요.
그런데 기온은 0도보다 높을 때가 훨씬 많기 때문에
영상일 때는 굳이 '영상'이라는 말을 붙이지 않습니다.

일기예보

일기 예보에서 말하는 숫자는 공기의 온도인 **기온**이랍니다.
더운 날은 기온이 높고, 추운 날은 기온이 낮습니다.
우리나라는 여름에 기온이 영상 30도를 훌쩍 넘고,
겨울이 되면 영하 10도까지 떨어지지요.
그렇다면 같은 계절에도 기온이 매일 변하고
날씨가 달라지는 이유는 무엇일까요?

공기의 온도 기온!

-5
-10

영상 30도

영하 -10도

날씨를 변하게 만드는 가장 중요한 원인은 뭐니 뭐니 해도 태양이고,
두 번째로 중요한 원인은 **공기**입니다.
눈에 보이지도 않는 공기가 날씨를 바꾼다니, 좀 이상하지요?
공기는 냄새도 없고, 만질 수도 없지만
풍력 발전으로 전기를 만들고 무거운 비행기를 뜨게 할 정도로
아주 강한 힘을 갖고 있답니다.

공기는 사과의 속살을 덮고 있는 껍질처럼
지구를 얇게 덮고 있습니다.
'얇다'고 말은 했지만, 지구는 사과보다 훨씬 크기 때문에
공기의 두께는 30킬로미터나 됩니다.

공기는 기압이 높은 데서
낮은 곳으로 흘러!

또 공기는 물하고 아주 비슷해서
흐르기를 좋아합니다.
물이 높은 곳에서 낮은 곳으로 흐르는 것처럼,
공기는 기압이 높은 곳에서
기압이 낮은 곳으로 흘러가지요.

기압이란 '공기가 빽빽하게 들어찬 정도'를 나타내는 말입니다.
예를 들어 부푼 풍선 속은 공기가 빽빽하게 차 있어서 기압이 높고
풍선 바깥은 공기가 듬성듬성해서 기압이 낮지요.
그래서 풍선의 매듭을 풀면 풍선(고기압)에 들어 있던 공기가
기압이 낮은 바깥(저기압)으로 흘러나오는 것입니다.
우리 주변의 공기도 장소에 따라 기압이 다르기 때문에,
고기압에서 저기압을 향해 공기가 저절로 움직입니다.
그리고 공기가 움직일 때 우리가 느끼는 것이
바로 **바람**이지요.

지구가 땅과 공기로만 이루어져 있다면 곳곳에 바람은 불겠지만
1년 내내 비가 오지 않고, 눈도 내리지 않을 겁니다.
비와 눈은 원래 **물**이기 때문이지요.
그렇다면 비와 눈을 만들어 내는 물은 대체 어디에 있을까요?
세수할 때 쓰는 물은 수도꼭지에서 나오는데,
하늘에서 떨어지는 빗물은 어디서 온 것일까요?

여름에 해수욕장에 가면 볼 수 있는 곳, 바로 그 넓디넓은 **바다**가 지구의 물을 저장하는 거대한 그릇이랍니다. 지구의 크기를 10이라고 하면 육지는 2밖에 안 되고, 나머지 8은 바다입니다. 사실 대부분이 바다인 셈이지요. 그리고 바다는 태양과 공기 다음으로 날씨를 변하게 만드는 세 번째 원인입니다.

물은 온도에 따라 세 가지 모양으로 변신할 수 있습니다.
온도가 0도보다 낮으면 물은 단단한 고체인 **얼음**이 되고
0도에서 100도 사이에서는 출렁출렁한 액체, 즉 **물**이 됩니다.
그리고 100도보다 높은 온도에서는 **수증기**라는 기체가 되지요.
물이 끓을 때 모락모락 피어오르는 연기가 바로 수증기랍니다.

그런데 물은 100도보다 낮은 온도에서도 수증기가 될 수 있습니다.
그릇에 물을 담아서 방 안에 며칠 동안 놓아두면
엎지르지도 않았는데, 물이 한 방울도 남지 않고 사라집니다.
또 건조대에 걸어 놓은 젖은 빨래도 시간이 지나면 뽀송뽀송하게 마르지요.
왜냐하면 물은 낮은 온도에서도 천천히 수증기로 변해 날아가기 때문입니다.
이런 것을 **증발**이라고 하지요. 증발한 물은 눈에 보이지 않지만
수증기가 되어 공기 속에 섞여 있답니다.

지구의 대부분을 덮고 있는 바닷물도 끊임없이 증발하고 있습니다.
엄청난 양의 수증기가 공기 속에 섞이고 있는 거지요.
그런데 낮은 곳에 있는 공기는 높은 곳에 있는 공기보다 따뜻하고
따뜻한 공기는 차가운 공기보다 가볍습니다.
그래서 바다 표면 근처에 있는 공기는 수증기를 잔뜩 머금은 채
풍선처럼 위로 두둥실 떠오르게 되지요.
위로 떠오른 공기가 점점 차가워지면
공기 속 수중기는 뭉쳐서 다시 물방울이 됩니다.
좀 더 높이 올라가면 온도가 더 낮아져서
작은 얼음 알갱이가 되기도 하지요.

이렇게 만들어진 물방울과 얼음 알갱이들이 서로 뭉치다 보면
솜사탕처럼 생긴 커다란 덩어리가 만들어집니다.
이것이 바로 **구름**이랍니다. 그러니까 하늘에 떠 있는 구름은
'바다가 숨을 쉬면서 만들어 낸 입김'인 셈이지요.

구름은 물방울과 얼음 알갱이로 이루어져 있는데도
떨어지지 않고 하늘에 둥둥 떠 있습니다.
아래에서 올라오는 공기가 떠받쳐 주기 때문이지요.
하지만 수증기가 자꾸 쌓여서 물방울과 얼음 알갱이의 크기가 커지면
더 이상 무게를 견디지 못하고 땅으로 우수수 떨어집니다.
그렇습니다. 바로 **비**가 내리는 것이지요.
떨어지는 물방울은 곧바로 비가 되고,
얼음 알갱이도 떨어지는 동안 따뜻한 공기에 녹아서 비로 변합니다.

구름 속에서 물방울이 커지려면 먼지가 적당히 섞여 있어서
그 먼지 알갱이 주변에 물방울들이 달라붙어야 합니다.
이 조건을 만족하기가 매우 까다롭기 때문에
비가 오는 날보다 오지 않는 날이 훨씬 많답니다.
땅에 떨어진 빗방울은 무조건 낮은 곳을 찾아 흐르다가
시냇물과 강을 거쳐 결국 바다로 흘러들어 갑니다.
자기가 처음 태어났던 고향을 찾아가는 거지요.

물론 비는 겨울에도 올 수 있습니다.
겨울이라고 해서 항상 추운 건 아니니까요.
하지만 아주 추운 날에는 구름 속 얼음 덩어리가 녹지 않고
우리 집 마당까지 무사히 내려올 수도 있습니다.

이럴 때 여러분은 이 노래를 부르지요.
"펄펄 눈이 옵니다. 하늘에서 눈이 옵니다!"
눈은 구름 속에서 아주 정교한 법칙에 따라 만들어지기 때문에,
눈송이를 현미경으로 크게 확대하면 예쁜 육각형 모양을 볼 수 있답니다.

다시 텔레비전의 일기 예보로 돌아가 봅시다.
내일이나 모레 또는 일주일 후의 날씨를 어떻게 미리 알 수 있을까요?
일기 예보를 하려면 각 지역의 기압과 바다의 움직임도 알아야 하고,
하늘 높은 곳의 기온과 습도까지 알아야 합니다.
그래서 옛날에는 공기의 상태를 측정하는 장치를 풍선에 매달아서
높은 곳까지 띄워 보냈다가 다시 거둬들이는 방법으로
다가올 날씨를 예측했습니다.
하지만 하늘로 날려 보낸 풍선 대부분이 엉뚱한 곳으로 날아가는 바람에
정확한 자료를 얻기가 너무 어려웠지요.

● **습도** 공기 속 수증기의 양.

그래서 옛날에는 이런 일기 예보가 많았답니다.
"내일은 대체로 맑겠으며, 곳에 따라 흐려서 비 또는 눈이 오겠습니다."
맑거나, 흐리거나, 비나 눈이 온다니,
이런 예보는 우리도 할 수 있겠네요.
물론 이것은 날씨를 예측하기가
그만큼 어렵기 때문입니다.

앞으로 다가올 날씨에 제대로 대비하지 못한다면
쌀, 채소, 과일 등을 제대로 수확하지 못할 것입니다.
또 태풍이 언제 불어닥칠지 미리 알지 못하면
많은 사람들이 다치고 집이 무너지는 등 큰 피해를 입겠지요.
이처럼 날씨는 우리의 일상생활에서 아주 중요합니다.
일기 예보가 정확할수록 더욱 살기 좋은 세상이 되는 거지요.

안타깝게도 날씨를 정확하게 예측하는 과학 이론은 없습니다.
그저 여러 가지 관측 자료를 모아서
최대한 비슷하게 짐작할 뿐이지요.

요즘은 우주에서 날씨를 관측하는
기상 관측 위성 덕분에 일기 예보가 꽤 정확해졌습니다.
기상 관측 위성이 공기를 분석해서
다양한 자료를 보내오면 기상청에 있는 슈퍼컴퓨터가
엄청나게 많은 계산을 순식간에 해치워서
내일과 모레는 물론이고
한 달 후의 날씨까지 알 수 있게 되었답니다.

● **기상 관측 위성** 지구 주변을 돌면서 공기의 상태를 분석하는 인공위성.
● **기상청** 날씨를 관측하고 예보하는 기관.

지구의 날씨를 다스리는 삼총사는 **태양**과 **공기** 그리고 **바다**입니다.
지구가 기울어진 채로 태양 주변을 돌고 있기 때문에
봄, 여름, 가을, 겨울이 끊임없이 반복됩니다.
공기도 마찬가지입니다. 땅바닥에 있는 더운 공기가 위로 올라가면
차가워져서 다시 아래로 내려오고,
땅에서 나오는 열기 때문에 다시 뜨거워져서 위로 올라가고,
이런 식으로 올라갔다 내려오기를 반복하고 있지요.

날씨 삼총사

또 바닷물은 증발하여 구름이 되었다가
비가 되어 내리면 강물에 섞여 다시 바다로 흘러가고,
또다시 증발하면서 똑같은 과정을 되풀이하고 있습니다.
물방울, 얼음 알갱이, 먼지 등 무엇 하나 버리는 것이 없으니
자연은 그야말로 '재활용의 챔피언'인 셈입니다.
하지만 사람들이 공장에서 만든 물건은 자연하고 달라서
저절로 재활용이 되지 않고 어딘가에 쌓여 갑니다.
이렇게 쌓인 쓰레기는 자연이 재활용되는 것을
방해하지요. 아름다운 사계절을 지금처럼 누리려면
사람도 자연을 본받아야 할 것입니다.

💡 나의 첫 과학 클릭!

매일 달라지는 낮과 밤의 길이

하늘에 해가 떠 있으면 낮이고, 해가 져서 어두워지면 밤입니다.

밤이 되면 밖에서 놀 수 없기 때문에 대부분 어린이들은 밤보다 낮을 좋아하지요.

1년 내내 낮이 길면 참 좋겠지만, 낮과 밤의 길이는 계절에 따라

끊임없이 변하고 있답니다. 어차피 하루의 길이는 24시간으로 정해져 있으니까,

낮과 밤이 그 24시간을 서로 많이 차지하려고 티격태격하는 것이지요.

다들 알다시피 달력은 1월 1일부터 시작해서 12월 31일에 끝납니다.

그런데 낮과 밤의 길이가 똑같은 날은 1월 1일이 아니라 3월 21일입니다.

이날을 춘분이라고 하지요. 외국에는 춘분이 공휴일인 나라도 있다고 하는데,

아쉽게도 우리나라에서는 쉬는 날이 아닙니다.

춘분이 지나면 낮이 조금씩 길어지고, 밤은 조금씩 짧아지기 시작합니다.

그 차이가 별로 크지 않아서 매일 느낄 수는 없지만,

세 달쯤 지나면 저녁 7시가 되어도 대낮처럼 밝습니다.

바로 이날이 1년 중 낮이 가장 긴 하지(6월 21일)입니다.

하지부터 슬슬 여름이 시작되고, 길었던 낮이 매일 조금씩 짧아집니다.

그러다가 또 세 달이 지나서 9월 23일이 되면 낮과 밤의 길이가 다시 같아지지요.

이날을 추분이라고 하는데, '가을이 시작되는 날'이라고 생각해도 됩니다.

추분이 지나도 낮은 계속해서 짧아지고, 밤은 계속해서 길어집니다.

1년 중 가장 아쉬운 기간이지요. 하루가 다르게 낮이 짧아지다가,

12월 22일이 되면 1년 중 낮이 제일 짧고 밤이 제일 긴 동지가 찾아옵니다.

이날은 저녁 5시만 넘어도 밖이 어둑어둑해지니까 집에 일찍 들어가는 게 좋지요.

그래도 우리나라는 낮과 밤의 변화가 그다지 크지 않은 편이어서

생활하는 데 큰 어려움이 없습니다.

반면에 북극에 가까운 나라들은 봄, 가을이 거의 없고

1년의 절반은 여름, 나머지 절반은 겨울입니다.

그리고 북극에 아주 가까이 가면 여름에는 하루 종일 해가 지지 않고

겨울에는 하루 종일 해가 뜨지 않는 곳도 있습니다.

우리나라는 위치가 딱 좋아서 적당한 밤낮과 아름다운 사계절을 누릴 수 있는 것이지요.

좋은 곳을 골라서 나라를 세워 주신 단군 할아버지, 감사합니다!

하루 종일 해가 지지 않는 '백야' 현상 때 태양

 나의 첫 과학 탐구

천둥과 번개는 왜 칠까?

비가 많이 오는 날이면 하늘이 번쩍이면서 번개가 치고
"우르르 쾅!" 하며 천둥 소리가 들릴 때도 있습니다.
이런 무시무시한 일은 왜 일어나는 걸까요?
정확한 원인은 아직 알려지지 않았지만,
과학자들은 다음과 같이 짐작하고 있답니다.
구름 속에서 물방울과 얼음 알갱이들이 서로 부대끼다 보면
얼음에 들어 있던 전자●가 물방울로 옮겨 가면서
구름 전체가 플러스(+) 전기와 마이너스(-) 전기로 나뉘어집니다.
이들 중 마이너스(-) 전기가 땅에 있는 플러스(+) 전기를 향해 이동할 때
번개가 치는 것이지요.

● **전자** 물방울과 얼음 알갱이의 원자 속에 들어 있는 마이너스(-) 전기를 띤 작은 입자.

또 구름 속의 전기가 땅으로 움직이기 시작할 때
구름에 있는 기체들이 아주 빠르게 부풀어 오르는데,
이 충격으로 주변 공기가 크게 흔들리면서 나는 소리가 바로 천둥입니다.
풍선이 크게 부풀었다가 터질 때 "뻥!" 소리가 나는 것과 비슷하지요.
번개는 주로 길고 뾰족한 곳을 골라서 떨어집니다.
그러니까 번개가 치는 날은 될 수 있으면 바깥에 나가지 말고,
꼭 나가야 한다면 높은 건물이나 나무, 전봇대 근처는 피하는 게 좋습니다.
여러분은 눈 오는 날에 천둥 소리를 들은 적이 있나요?
아마 없을 겁니다. 함박눈이 아무리 세차게 휘날려도
눈이 올 때는 천둥과 번개가 치지 않습니다.
비구름 속에는 플러스(+) 전기를 띤 얼음 알갱이와
마이너스(-) 전기를 띤 물방울이 섞여 있는데,
눈을 내리는 구름에는 얼음 알갱이밖에 없기 때문입니다.
그러니까 눈이 오는 날에는 마음 놓고 눈사람을 만들어도 됩니다.

주로 높은 산이나 건물에 떨어지는 번개

번개를 피하기 위해 지붕에 세워 놓는 피뢰침

글 박병철

연세대학교 물리학과를 졸업하고 한국과학기술원(KAIST)에서 이론물리학 박사 학위를 받았습니다. 30년 가까이 대학에서 학생들을 가르쳤으며 지금은 집필과 번역에 전념하고 있습니다. 어린이 과학동화 《별이 된 라이카》, 《생쥐들의 뉴턴 사수 작전》, 《외계인 에어로, 비행기를 만들다!》를 썼습니다. 2005년 제46회 한국출판문화상, 2016년 제34회 한국과학기술도서상 번역상을 수상했으며, 옮긴 책으로는 《프린키피아》, 《페르마의 마지막 정리》, 《파인만의 물리학 강의》, 《평행우주》, 《신의 입자》, 《슈뢰딩거의 고양이를 찾아서》 등 100여 권이 있습니다.

그림 조에스더

대학에서 시각 디자인을 공부했고, 그림책 작가이며 사랑스러운 아리와 유이의 엄마이기도 합니다. 아이와 부모가 함께 보며 이야기를 나눌 수 있는 책을 만들고 싶습니다. 그린 책으로는 《벚꽃이 살랑》, 《어린이 돈 스터디》, 《나는 바람》, 《궁금했어, 에너지》, 《똥 싸기 힘든 날》, 《곱구나! 우리 장신구》 외 다수가 있습니다.

나의 첫 과학책 12 — 계절과 날씨

1판 1쇄 발행일 2023년 6월 26일

글 박병철 | **그림** 조에스더 | **발행인** 김학원 | **편집** 이주은 | **디자인** 기하늘
저자·독자 서비스 humanist@humanistbooks.com | **용지** 화인페이퍼 | **인쇄** 삼조인쇄 | **제본** 다인바인텍
발행처 휴먼어린이 | **출판등록** 제313-2006-000161호(2006년 7월 31일) | **주소** (03991) 서울시 마포구 동교로23길 76(연남동)
전화 02-335-4422 | **팩스** 02-334-3427 | **홈페이지** www.humanistbooks.com

글 ⓒ 박병철, 2023   그림 ⓒ 조에스더, 2023
ISBN 978-89-6591-512-6 74400
ISBN 978-89-6591-456-3 74400(세트)

- 이 책은 저작권법에 따라 보호받는 저작물이므로 무단 전재와 무단 복제를 금합니다.
- 이 책의 전부 또는 일부를 이용하려면 반드시 저작권자와 휴먼어린이 출판사의 동의를 받아야 합니다.
- **사용연령 6세 이상** 종이에 베이거나 긁히지 않도록 조심하세요. 책 모서리가 날카로우니 던지거나 떨어뜨리지 마세요.